ISBN 978-3-662-22695-7   ISBN 978-3-662-24624-5 (eBook)
DOI 10.1007/978-3-662-24624-5

Die in den Sitzungsberichten Abt. I und Abt. II der math.-nat. Klasse der Österr. Akad. d. Wiss. erscheinenden Abhandlungen werden auch einzeln abgegeben. Sie können durch jede Buchhandlung oder direkt durch die Auslieferungsstelle der Österreichischen Akademie der Wissenschaften (Wien I, Singerstraße 12) bezogen werden.

Nachfolgende Abhandlungen aus dem Fach **Physik** sind erschienen:

**1950 (1950) (S II a, Bd. 159):**

Blau Marietta: Bericht über die Entdeckung der durch kosmische Strahlung erzeugten „Sterne" in photographischen Emulsionen, 4 Seiten. S 4.—

Danninger R. und Sirk H.: Theorie des in einer magnetisch abgelenkten Glimmentladung auftretenden Druckgefälles, 4 Seiten. S 3.40

Feuchtinger K.: Ableitung des zweiten Hauptsatzes für reversible Prozesse (mit 2 Abbildungen). S 3.40

Glaser W.: Zur wellenmechanischen Theorie der elektronenoptischen Abbildung (mit 2 Abbildungen), 63 Seiten. S 58.—

Haupt H.: Über Phasenkoeffizienten und Albedo der kleinen Planeten Ceres, Pallas, Juno- und Vesta, 20 Seiten. S 21.60

Hess V. F: Persönliche Erinnerungen aus dem ersten Jahrzehnt des Instituts für Radiumforschung, 3 Seiten. S 4.—

Hevesy G. v.: Erinnerungen an die alten Tage am Wiener Institut für Radiumforschung, 2 Seiten. S 4.—

Meyer St.: Die Vorgeschichte der Gründung und das erste Jahrzehnt des Institutes für Radiumforschung, 26 Seiten. S 4.—

Paneth F. A.: Aus der Frühzeit des Wiener Radiuminstituts. Die Darstellung des Wismutwasserstoffs, 3 Seiten. S 4.—

Przibram K.: 1920 bis 1938, 7 Seiten. S 4.—

Rieder W.: Der Szilard-Chalmers-Effekt mit langsamen und schnellen Neutronen (mit 5 Abbildungen), MIR Nr. 462, 14 Seiten. S 13.—

Wieninger L. und Adler N.: Über die Verfärbung von nat. Steinsalzkristallen durch Bestrahlung mit $\alpha$-Teilchen von $RaF$ (mit 7 Abbildungen), MIR Nr. 472, 12 Seiten. S 13.80

Wieninger L.: Über die Bestrahlung natürlicher, gefärbter Steinsalzkristalle mit $\alpha$-Teilchen von $RaF$ (mit 7 Abbildungen), MIR Nr. 466, 15 Seiten. S 15.—

Wieninger L. und Adler N.: Über den Einfluß der Erwärmung auf das Absorptionsspektrum des mit $RaF$-x-Strahlen verfärbten Steinsalzes (mit 7 Abbildungen), MIR Nr. 467, 11 Seiten. S 9.60

Wieninger L.: Über die Verfärbung von gepreßten Steinsalzkristallen durch Bestrahlung mit $\alpha$-Teilchen von $RaF$ (mit 5 Abbildungen), 12 Seiten. S 9.60

**1951 (S II a, Bd. 160):**

Bernert Traude: Radiumbestimmungen an Tiefseesedimenten (mit 3 Abbildungen), MIR Nr. 483, 12 Seiten. S 6.30

Böhm W.: Kolloide und Farbzentren in additiv verfärbtem Steinsalz (mit 5 Abbildungen), 18 Seiten. S 8.—

Brukl A., Hernegger F. und Hilbert Hermine: Zur Kenntnis neuer in der Natur vorkommender $\alpha$-Strahler (mit 9 Abbildungen), MIR Nr. 482, 17 Seiten. S 5.50

Mayerl Margarete: Bestimmungen der optischen Konstanten des Calciums und Anwendung der Mieschen Theorie auf die Verfärbung des Flußspates (mit 5 Abbildungen), 7 Seiten. S 3.50

Wieninger L.: Ein Beitrag zur Klärung der Frage nach Wesen und Ursprung der Violett- bzw. Blaufärbung natürlicher Steinsalzkristalle (mit 13 Abbildungen) MIR Nr. 474, 33 Seiten. S 10.50

**1952 (S II a, Bd. 161):**

Begemann F. und Houtermans F. G.: Herstellung einer Radium-D-E-F-Standard-Lösung, MIR Nr. 492. 4 Seiten. S 3.40

Brandstaetter F.: Bemerkungen über H. Maches Methode zur Bestimmung des Diffusionskoeffizienten von Luft in Wasser (mit 4 Abbildungen), 23 Seiten. S 13.—

Hawliczek F.: Eine stabilisierte Kaskadenhochspannung für den Betrieb von Geiger-Müller-Zählrohren (mit 10 Abbildungen) MIR Nr. 485, 8 Seiten. S 9.—

# Zur Topologie der Ketten[1]

Von

L. Vietoris (Innsbruck)

(Vorgelegt in der Sitzung vom 15. Oktober 1959)

(Mit 7 Abbildungen)

In der Topologie der Homologieen werden Ketten von Simplexen und Ketten von Zellen verwendet. Hier wollen wir Ketten in einem massiveren Sinn betrachten, Ketten von Ringkörpern, Ketten, wie sie seit Jahrtausenden in der Technik verwendet werden.

Wir verstehen unter $S$ den durch einen unendlich fernen Punkt ergänzten euklidischen dreidimensionalen Raum. Er ist eine 3-Sphäre. Alle von uns hier betrachteten Gebilde liegen in $S$. Unsere Ketten setzen wir aus Ringen, d. h. aus abgeschlossenen Toruskörpern, unter welche wir auch alle topologischen Bilder von Ringen rechnen, zusammen. Ein Ring heiße **unverknotet**, wenn sein Restraum in $S$ der offene Kern eines Ringes ist. Wir werden hier nur Ketten aus unverknoteten Ringen bilden.

Statt der Ringe verwenden wir zur Bildung von Ketten auch unverknotete topologische Kreise, weil es uns nur auf die Eigenschaften des Restraumes ankommt und diese für Ketten von Kreisen dieselben sind wie für Ketten von Ringen[2].

Wir sagen, zwei (in $S$ liegende) unverknotete topologische Kreise seien miteinander **nicht verkettet**, wenn es eine topologische Abbildung von $S$ auf sich gibt, welche die beiden Kreise in einander nicht schneidende Kreise einer Ebene überführt, d. h. wenn sie mit zwei solchen Kreisen isotop sind.

---

[1] Vortrag vor der Österreichischen mathematischen Gesellschaft am 4.11.1955. Vgl. die Inhaltsangabe in den Internationalen Mathematischen Nachrichten (Wien), April 1956, S. 71.

[2] Im Gegensatz zu einem topologischen Kreis.

Zwei unverknotete topologische Kreise heißen miteinander **einfach verkettet**, wenn sie durch eine topologische Selbstabbildung von $S$ in einen geometrischen Kreis und seine Rotationsachse übergeführt werden können.

Wir verstehen unter einer **einfach** geschlossenen **Kette** eine endliche zyklische Menge $K_0, K_1, \ldots K_{n-1}$ von mindestens drei zueinander fremden unverknoteten topologischen Kreisen, von denen je zwei zyklisch benachbarte und sonst keine miteinander verkettet, und zwar einfach verkettet sind. Die $K_i$ heißen die **Glieder** der Kette.

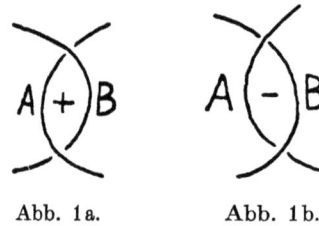

Abb. 1a.    Abb. 1b.

Wir betrachten die Ketten in Parallelprojektionen, und zwar wollen wir die Projektion eines Dings mit demselben Zeichen bezeichnen, wie das Ding selbst. Wir denken uns die Projektionsrichtung in der Schaurichtung ,,von oben nach unten" orientiert. Damit ist klar, was wir meinen, wenn wir sagen, $K_i$ gehe an der Stelle $x$ über $K_j$ hinweg, bzw. unter $K_j$ durch. Die Stellen, wo $K_i$ über ein anderes $K_j$ hinweggeht, heißen **Überkreuzungsstellen** von $K_i$. Sie sind für $K_j$ **Unterkreuzungen**.

Zwei zueinander fremde einfache Bogen $A$ und $B$ mögen in der Projektion genau zwei Kreuzungsstellen haben. Für $A$ sei die eine eine Über-, die andere eine Unterkreuzung (Bilder 1 a, b). Dann sagen wir, das von $A$ und $B$ gebildete **Zweieck** sei **positiv**, wenn die Bogen $A$ und $B$ beim Umlaufen des Zweiecks im Uhrzeigersinn von einer Über- zu einer Unterkreuzung laufen. Andernfalls heiße das Zweieck **negativ**. Welche Orientierung $A$ und $B$ selbst etwa haben, ist dabei ohne Belang.

Eine **Selbstkreuzung** eines topologischen Kreises $K$ in der Projektion heiße **positiv** oder **negativ**, je nachdem ihre **Charakteristik**[3] $+ 1$ oder $- 1$ ist. Wir wollen als positiven Umlaufsinn der Projektions-

---
[3] Vgl. K. Reidemeister, Knotentheorie (1932), S. 18.

ebene den Uhrzeigersinn ansehen. Dadurch erscheinen Selbstkreuzungen als positiv, wenn die beiden einander kreuzenden Zweige dort bei einer Orientierung von $K$ eine Linksschraube bilden; andernfalls gilt

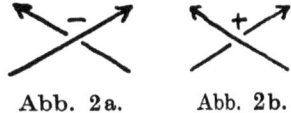

Abb. 2a.    Abb. 2b.

die Selbstkreuzung als negativ. Die Charakteristik ist von der Orientierung von $K$ unabhängig (Bilder 2 a, b).

Wir verstehen unter einer quasinormierten Projektion einer einfach geschlossenen Kette eine Parallelprojektion mit folgenden Eigenschaften (Bild 3):

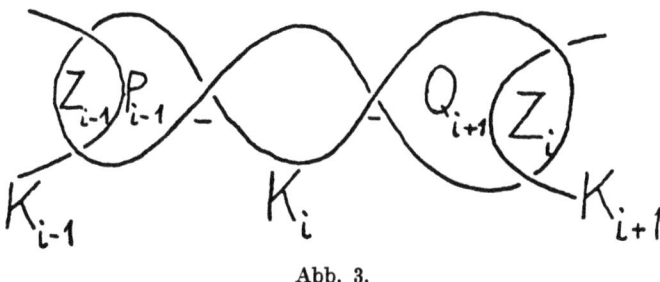

Abb. 3.

1. Sie ist regulär[4]. Sie hat also nur einfache Kreuzungsstellen.

2. Jedes Glied $K_i$ der Kette hat nur mit den beiden benachbarten Gliedern $K_{i-1}$ und $K_{i+1}$ ($i$ werde modulo der Anzahl der Glieder der Kette genommen) Kreuzungsstellen, und zwar je eine Über- und eine Unterkreuzung.

3. Die Vereinigung $K_i + K_{i+1}$ teilt die Projektionsebene in endlich viele Komponenten, deren eine ein Zweieck $Z_i$ ist, dessen Ecken die Kreuzungsstellen von $K_i$ und $K_{i+1}$ sind. Es hat als Seiten einen Teilbogen $P_i$ von $K_i$ und einen Teilbogen $Q_{i+1}$ von $K_{i+1}$.

4. $K_i - P_i - Q_i$ ist ein alternierender Zweierzopf[5].

---

[4] Reidemeister, a. a. O., S. 5.
[5] a. a. O., S. 9 f.

Eine einfach geschlossene Kette heiße schlicht, wenn sie mit einer Kette isotop ist, die eine quasinormierte Projektion hat[6].

Wir betrachten im Folgenden schlichte geschlossene Ketten in quasinormierten Projektionen. In einer solchen Projektion weisen wir jeder Selbstkreuzung eines $K_i$ ihre Charakteristik als Maßzahl zu, jedem Zweieck $Z_i$ die Maßzahl $+\frac{1}{2}$ oder $-\frac{1}{2}$, je nachdem es positiv oder negativ ist. Die Summe aller dieser Maßzahlen nennen wir den Drall der Kette.

Wir können mit einer quasinormierten Projektion folgende Operationen ausführen, welche den Drall nicht ändern:

1. Ersetzung eines positiven Zweiecks (Bild 1 a) durch ein negatives und eine positive Selbstkreuzung (Bild 4 a).

2. Ersetzung eines negativen Zweiecks (Bild 1 b) durch ein positives und eine negative Selbstkreuzung (Bild 4 b).

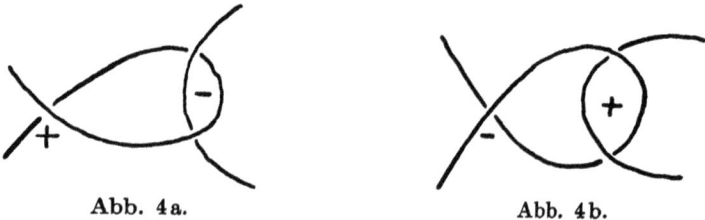

Abb. 4a.  Abb. 4b.

Diese Operationen lassen sich leicht aus den Operationen $\Omega$ 1, 2, 3 zusammensetzen, welche Reidemeister[7] seiner Knotentheorie zugrunde gelegt hat. Sie verwandeln also jede quasinormierte Projektion einer Kette $L$ in die Projektion einer zu $L$ isotopen Kette. Diese ist außerdem wieder quasinormiert.

Mit den Operationen 1, 2 und ihren Umkehrungen kann man die Selbstkreuzungen von $K_i$ der Reihe nach aus $K_i$ heraus- und in $K_{i+1}$ hinein-„drehen". Dabei behält das von $K_i$ und $K_{i+1}$ gebildete Zweieck sein Vorzeichen. Man kann also die Selbstkreuzungen aller $K_i$ für $i = 0, 1, 2, \ldots n-2$ auf diese Weise wegschaffen, indem man sie in $K_{n-1}$ hineindreht, wobei Selbstkreuzungen entgegengesetzten Vorzei-

---

[6] Damit sind unter anderem geschlossene Ketten ausgeschlossen, welche zwar aus lauter unverknoteten Kreisen gebildet, aber als Ganzes „verknotet" sind.

[7] Reidemeister, a. a. O., S. 7.

chens einander wegheben ($\Omega$ 2). Ferner kann man erreichen, daß das
von $K_i$ mit $K_{i+1}$ gebildete Zweieck für $i \neq n-1$ das Vorzeichen $(-1)^i$
bekommt, das von $K_{n-1}$ und $K_0$ gebildete immer das Zeichen $-1$. Für
gerades $n$ alterniert also das Vorzeichen der Zweiecke im ganzen Zyklus,
für ungerades $n$ mit Ausnahme von $K_{n-1}$, das zwei negative Zweiecke
bekommt.

Durch eine geeignete Abbildung der Projektionsebene auf sich
(etwa $w = 1/z$ mit geeignetem Punkt $z = 0$) kann man erreichen, daß
der Punkt $\infty$ der neuen Figur, welche die quasinormierte Projektion
einer isotopen Kette ist, in ein Gebiet kommt, welches an $Z_0$ über eine
Ecke hinweg grenzt, d. h. daß bei der üblichen Schwarz-Weiß-Färbung
der Ebene die $Z_i$ schwarz werden[8].

Eine quasinormierte Projektion, bei der die $K_i$ für $i \neq n-1$ keine
Selbstkreuzungen und die $Z_i$ das Vorzeichen $(-1)^i$ haben, während
$Z_{n-1}$ immer das negative Zeichen hat, bei der außerdem alle $Z_i$ schwarz
sind, heiße eine **normierte** Projektion.

Wir können also durch die Operationen 1, 2, $\Omega$ 2 und die obige
Transformation des Unendlichen ins Endliche jede quasinormierte Projektion in eine normierte überführen. Dabei ändert sich einerseits der
Drall nicht, andererseits ist die neue Projektion die Projektion einer
mit der ursprünglichen isotopen Kette.

Wegen der Vorzeichenwahl der Zweiecke $Z_i$ trennen auf $K_i$ für
$i \neq n-1$ die Überkreuzungen von $K_i$ mit $K_{i-1} + K_{i+1}$ die Unterkreuzungen von $K_i$ mit dieser Menge nicht. Jedes dieser $K_i$ wird durch
seine Unterkreuzungen in zwei Bogen geteilt, deren einer die Überkreuzungen enthält. Für gerades $n$ gilt dies auch für $i = n-1$, für
ungerades $n$ nicht. Wir nennen für $i \neq n-1$ den zwischen den Überkreuzungen von $K_i$ liegenden die Unterkreuzungen nicht enthaltenden
Bogen von $K_i$ für gerades $i$ $a_i$, für ungerades $i$ $b_i$. Der andere Bogen von
$K_i$ heiße dann $b_i$, bzw. $a_i$.

Wir orientieren die $K_i$ einer normierten Projektion für $i \neq n-1$
entgegen dem Uhrzeigersinn, $K_{n-1}$ so, daß $Z_{n-2}$ links von $K_{n-1}$ liegt.
$Z_{n-1}$ liegt dann links oder rechts von $K_{n-1}$, je nachdem die Zahl der
Selbstkreuzungen von $K_{n-1}$ gerade oder ungerade ist.

---

[8] Reidemeister, a. a. O., S. 9. H. Tietze, Ein Kapitel Topologie (1942), S. 24.

Die zwischen den Unterkreuzungen von $K_{n-1}$ liegenden Bogen von $K_{n-1}$ mögen, in diesem Umlaufsinn von der Unterkreuzung mit $K_{n-2}$ ausgehend, bis zur Unterkreuzung mit $K_0$ der Reihe nach $d_0, d_1, \ldots$ heißen, die übrigen von der Unterkreuzung mit $K_{n-2}$ im entgegengesetzten Sinn der Reihe nach kommenden Bogen mit $c_0, c_1, \ldots$ bezeichnet sein.

Wir unterscheiden vier Arten von schlichten Ketten, je nachdem die Gliederzahl der Kette bzw. die Zahl der Selbstkreuzungen von $K_{n-1}$ in einer normierten Projektion gerade oder ungerade ist.

### Schlichte Ketten mit gerader Gliederzahl

a) $K_{n-1}$ ($n$ gerade) habe eine gerade Zahl $2r$ von negativen Selbstkreuzungen (Bild 5 a). Wir stellen zunächst nach einem bereits klassi-

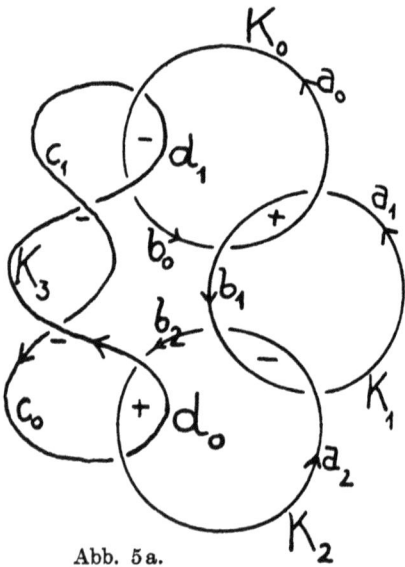

Abb. 5 a.

schen, auf P. Heegaard und W. Wirtinger zurückgehenden Verfahren[9] die Fundamentalgruppe $\mathfrak{F}$ des Restraumes $S-L$ der Kette auf. Den Bogen $a_i, b_i, c_j, d_j$ entsprechen eindeutig Elemente von $\mathfrak{F}$, welche wir mit denselben Buchstaben bezeichnen.

---

[9] Vgl. H. Tietze, Über die topologischen Invarianten mehrdimensionaler Mannigfaltigkeiten. Monatsh. f. Math. u. Phys. 19 (1908), S. 103 f. Reidemeister, a. a. O., III, § 9.

Wir stellen $\mathfrak{F}$ mit diesen Erzeugenden und den folgenden definierenden Relationen dar. Wir bezeichnen diese wie die Kreuzungsstellen, an denen sie abgelesen werden. Diese Relationen sind[10]:

$$R_1 \begin{cases} \left.\begin{array}{ll} k) & b_k = b_{k+1}\, a_k\, \bar{b}_{k+1} \\ k') & b_{k+1} = \bar{a}_k\, a_{k+1}\, a_k \\ k+1) & b_{k+2} = b_{k+1}\, a_{k+2}\, \bar{b}_{k+1} \\ k+1') & b_{k+1} = \bar{a}_{k+2}\, a_{k+1}\, a_{k+2} \end{array}\right\} \text{für } k = 0, 2, 4, \ldots n-4 \\[2ex] n-2)\ b_{n-2} = d_0\, a_{n-2}\, \bar{d}_0 \\ n-2')\ d_0 = \bar{a}_{n-2}\, c_0\, a_{n-2} \\[1ex] \left.\begin{array}{l} j^0)\ c_{j+1}\, c_{j+1} = d_j\, c_j\, \bar{d}_j \\ j^{0'})\ d_{j+1}\, d_{j+1} = \bar{c}_{j+1}\, d_j\, c_{j+1} \end{array}\right\} \text{für } j = 0, 1, \ldots r-1 \\[2ex] n-1)\ b_0 = d_r\, a_0\, \bar{d}_r \\ n-1')\ d_r = \bar{a}_0\, c_r\, a_0 \end{cases}$$

$i'$ in $i$ gibt

$k''$) $\quad b_k = \bar{a}_k\, a_{k+1}\, a_k\, \bar{a}_{k+1}\, a_k$ für $k = 0, 2, \ldots n-4$

$n-2''$) $b_{n-2} = \bar{a}_{n-2}\, c_0\, a_{n-2}\, \bar{c}_0\, a_{n-2}$

$n-1''$) $b_0 = \bar{a}_0\, c_r\, a_0\, \bar{c}_r\, a_0$

Aus diesen Relationen folgt:

$$a_0\, \bar{b}_0 = a_1\, b_1 = \ldots = a_{n-2}\, \bar{b}_{n-2} = c_0\, \bar{d}_0 = c_1\, \bar{d}_1 = \ldots = c_r\, \bar{d}_r.$$

Bezeichnen wir dieses Element mit $f$, dann haben wir

$f_i$) $\quad f = a_i\, \bar{b}_i$ für $i = 0, 1, 2, \ldots n-2$ und

$f_j'$) $\quad f = c_j\, \bar{d}_j$ für $j = 0, 1, 2, \ldots r$.

$k''$ in $f_k$ gibt

$g_k$) $\quad f = a_{k+1}\, \bar{a}_k\, \bar{a}_{k+1}\, a_k$ für $k = 0, 2, \ldots n-4$,

$n-2'$ in $f_0'$ gibt

$g_{n-2}$) $f = c_0\, \bar{a}_{n-2}\, \bar{c}_0\, a_{n-2}$

$n-2'$, $j^{0'}$, $j^0$ geben durch wiederholtes Einsetzen

$h_j$) $\quad c_j = f^{-j}\, c_0\, f^j$

$i_j$) $\quad d_j = f^{-j}\, d_0\, f^j$, wo $d_0 = \bar{f}\, c_0$ ist.

---

[10] $\bar{x}$ bedeute soviel wie $x^{-1}$.

Damit sind durch $a_0, a_1 \ldots a_{n-2}, c_0$ alle übrigen Erzeugenden ausgedrückt. Setzen wir dies in die Relationen $k+1$, $k+1'$, $n-2$ und $n-1$ ein, dann bekommen wir $\mathfrak{F}$ dargestellt mit den Erzeugenden $a_0, a_1, \ldots a_{n-2}, c_0$ und den definierenden Relationen[11]

$$R_2 \begin{cases} k+1^{IV}) \ [a_{k+1}, a_k \, \bar{a}_{k+2}] = 1 \quad \text{für } k = 0, 2, \ldots n-4 \\ k+1^{III}) \ [a_{k+2}, \bar{a}_{k+1} \, a_{k+3}] = 1 \quad \text{für } k = 0, 2, \ldots n-6 \\ n-3^{III}) \ [a_{n-2}, \bar{a}_{n-3} \, c_0] = 1 \\ n-1^{IV}) \ [c_0, a_{n-2} \, f^r \, \bar{a}_0 \, f^{-r}] = 1 \\ n-1^{III}) \ [a_0, f^{-r} \, \bar{c}_0 \, f^r \, a_1] = 1, \end{cases}$$

wo $f = a_1 \, \bar{a}_0 \, \bar{a}_1 \, a_0 = [a_1, \bar{a}_0]$ eingesetzt zu denken ist.

Für $r = 0$ ist es sinngemäß, $a_{n-1}$ für $c_0$ zu schreiben. Dann ordnen sich die Gleichungen $n-1^{IV}$, $n-1^{III}$ und $n-3^{III}$ als $k+1^{IV}$ und $k+1^{III}$ für $k = n-2$ und als $k+1^{III}$ für $k = n-4$ ein.

Wir behaupten:

$S_1$) In $\mathfrak{F}$ ist $f^i \neq 1$ für $i \neq 0$.

Um dies einzusehen, setzen wir zunächst[12] $a_0 = a_2 = \ldots = a_{n-2}$, $a_1 = a_3 = \ldots = a_{n-3} = c_0$. Im Falle $r = 0$ werden dadurch sämtliche Relationen $R_2$ erfüllt; durch die hinzugenommenen Relationen wird aus $\mathfrak{F}$ die freie Gruppe $\mathfrak{G}$ der beiden Erzeugenden $a_0$ und $a_1$. Da in $\mathfrak{G}$ nur für $i = 0$ $f^i = 1$ ist, gilt dies auch in $\mathfrak{F}$.

Für beliebiges $r$ wird $\mathfrak{G}$ die von den Erzeugenden $a_0$ und $a_1$, für die wir $a$ und $c$ schreiben, erzeugte Gruppe mit den definierenden Relationen

$$R_3 \begin{cases} [c, f^r \, a \, f^{-r} \, \bar{a}] = 1 \\ [a, \bar{c} \, f^{-r} \, c \, f^r] = 1, \text{ wo } f = c \, \bar{a} \, \bar{c} \, a \text{ bedeutet.} \end{cases}$$

Ich gebe nun eine Gruppe $\mathfrak{H}$ an, deren Erzeugende ich $a$ und $c$ nenne, in der die Relationen $R_3$ gelten, aber für kein $i \neq 0$ $f^i = 1$. Die Elemente von $\mathfrak{H}$ seien Permutationen der Menge aller ganzen Zahlen, und zwar führe $a$ jede gerade Zahl $2n$ in $2n-2$, jede ungerade Zahl $2n-1$ in $2n+1$ über. $c$ vertausche jede gerade Zahl $2n$ mit $2n+1$. Wir deuten das durch folgende Bezeichnung an:

$a = (2n \rightarrow 2n-2)(2n-1 \rightarrow 2n+1)$
$c = (2n \leftrightarrow 2n+1)$

---

[11] $[x, y]$ bedeute den Kommutator $x \, y \, \bar{x} \, \bar{y}$.
[12] Nach einem Vorschlag von Johann Leicht.

Dann ist $f = c \bar{a} \bar{c} a =$
$$= (2n \leftrightarrow 2n+1)(2n-2 \to 2n)(2n+1 \to 2n-1)(2n \leftrightarrow 2n+$$
$$+ 1).(2n \to 2n-2)(2n-1 \to 2n+1) =$$
$$= (2n \to 2n-4)(2n+1 \to 2n+5) = a^2.$$

Also ist $f^i = 1$ nur für $i = 0$ und die erste Relation $R_3$ gilt.

$\bar{c} f^{-r} c f^r = \bar{c} \bar{a}^{2r} c a^{2r} =$
$$= (2n \leftrightarrow 2n+1)(2n \to 2n+4r)(2n+1 \to 2n+1-4r).$$
$$. (2n \leftrightarrow 2n+1)(2n \to 2n-4r)(2n+1 \to 2n+1+4r) =$$
$$= (2n \to 2n-8r)(2n+1 \to 2n+1+8r) = a^{4r},$$

womit auch die zweite Relation $R_3$ erfüllt ist. Aus den Relationen $R_3$ folgt also $f^i = 1$ für kein $i \neq 0$.

Unsere Kette hat $2r$ negative Selbstkreuzungen von $K_{n-1}$, während die $Z_i$ abwechselnd positiv und negativ sind. Sie hat also den Drall $-2r$.

Verwandeln wir im Bild 5a alle Kreuzungen in die entgegengesetzten, dann bekommen wir ein Bild der dazu symmetrischen Kette. Durch „Umklappen" der Kreise $K_0, K_2, \ldots K_{n-2}$ können wir die ursprünglichen Kreuzungen mit Ausnahme der Selbstkreuzungen von $K_{n-1}$ wiederherstellen. So erhalten wir eine normierte Projektion der zur ursprünglichen Kette symmetrischen Kette $L^*$. Sie unterscheidet sich vom Bild 5a nur dadurch, daß die Selbstkreuzungen von $K_{n-1}$ in die entgegengesetzten verwandelt sind. Der Drall von $L^*$ ist also $2r$. Die Fundamentalgruppe von $L^*$ hat, wie man durch die analoge Rechnung sieht, eine Darstellung mit Erzeugenden $a_0, a_1, \ldots a_{n-2}, c_0$, die jetzt eine etwas andere Bedeutung haben, und definierenden Relationen $R_2^*$, welche sich von $R_2$ nur durch das Vorzeichen von $r$ unterscheiden.

b) $n$ gerade, $K_{n-1}$ habe eine ungerade Zahl $2r-1$ von negativen Selbstkreuzungen (Bild 5 b). Mit der analogen Rechnung wie in a) sieht man:

Die Fundamentalgruppe des Restraums dieser Kette wird durch die Erzeugenden $a_0, a_1, \ldots a_{n-2}, c_0$ mit definierenden Relationen $R_4$ dargestellt, welche sich von $R_2$ nur in $n-1^{IV}$ und $n-1^{III}$ unterscheiden.

Diese lauten hier so:

$n - 1^{IV})$  $[c_0, a_{n-2} f^{r-1} a_0 f^{-r}] = 1$

$n - 1^{III})$  $[a_0, f^{-r} c_0 f^{r-1} a_1] = 1$, wo $f = a_1 \bar{a}_0 \bar{a}_1 a_0$ zu setzen ist.

Auch hier ist $f^i \neq 1$ für $i \neq 0$.

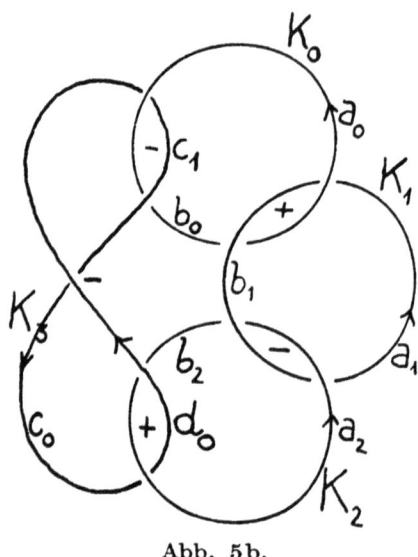

Abb. 5b.

Das beweist man genau wie für $R_2$ mit der dort definierten Gruppe $\mathfrak{H}$. In $\mathfrak{H}$ ist nämlich

$$a f^{r-1} a f^{-r} = 1 \text{ und } f^{-r} c f^{r-1} c = a^{-4r+2}.$$

Hat $K_{n-1}$ $2r - 1$ positive Selbstkreuzungen, dann ergeben sich definierende Relationen, welche sich von $R_4$ dadurch unterscheiden, daß $-r$ mit $r-1$ vertauscht ist.

Schlichte geschlossene Ketten mit ungerader Gliederzahl

Wir behandeln sie in normierten Projektionen (Bilder 6a, 6b). Hier trennen die Überkreuzungsstellen von $K_{n-1}$ mit $K_0 + K_{n-2}$ die Unterkreuzungsstellen von $K_{n-1}$ mit $K_0 + K_{n-2}$ dann und nur dann, wenn $K_{n-1}$ eine gerade Zahl von Selbstkreuzungen hat.

a) $K_{n-1}$ habe eine gerade Zahl $2r$ von Selbstkreuzungen (Bild 6a).

Wir können die Fundamentalgruppe $\mathfrak{F}$ wieder mit den Erzeugenden $a_0, a_1, \ldots a_{n-2}, c_0$ und folgenden definierenden Relationen darstellen:

$$R_5 \begin{cases} k+1^{IV}) \ [a_{k+1}, a_k \bar{a}_{k+2}] = 1 \\ k+1^{III}) \ [a_{k+2}, \bar{a}_{k+1} a_{k+3}] = 1 \end{cases} \text{für } k = 0, 2, \ldots n-5 \\ n-2^{IV}) \ [a_{n-2}, a_{n-3} \bar{c}_0] = 1 \\ n-2^{III}) \ [c_0, \bar{a}_{n-2} f^{r+1} \bar{a}_0 f^{-r}] = 1 \\ -1^{IV}) \ [a_0, f^{-r} \bar{c}_0 f^r a_1] = 1, \end{cases}$$

wo $f = a_1 \bar{a}_0 \bar{a}_1 a_0$ ist.

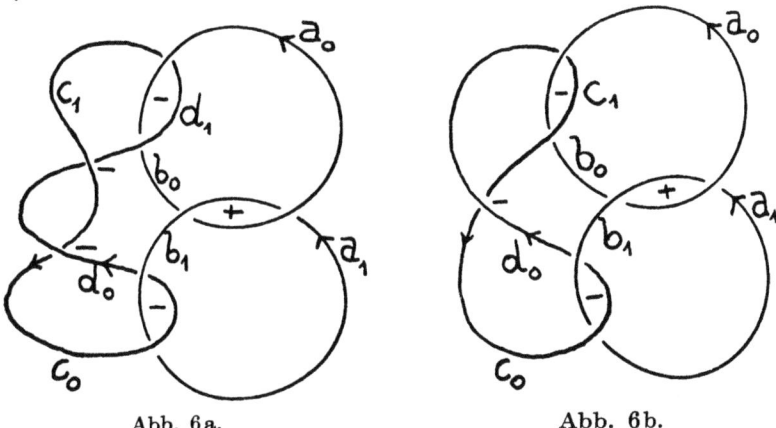

Abb. 6a.  Abb. 6b.

b) $K_{n-1}$ habe eine ungerade Zahl $2r-1$ von Selbstkreuzungen (Bild 6b). Mit denselben Erzeugenden wie in a) haben wir hier die definierenden Relationen

$$R_6 \begin{cases} k+1^{IV}) \ [a_{k+1}, a_k \bar{a}_{k+2}] = 1 \\ k+1^{III}) \ [a_{k+2}, \bar{a}_{k+1} a_{k+3}] = 1 \end{cases} \text{für } k = 0, 2, 4, \ldots n-5 \\ n-2^{IV}) \ [a_{n-2}, a_{n-3} \bar{c}_0] = 1 \\ n-2^{III}) \ [c_0, \bar{a}_{n-2} f^r a_0 f^{-r}] = 1 \\ -1^{IV}) \ [a_0, f^{-r} c_0 f^{r-1} a_1] = 1 \end{cases}$$

Auch in den Gruppen für ungerades $n$ ist $f^i \neq 1$ für jedes $i \neq 0$. Das läßt sich auf folgende Weise einsehen:

Wir ziehen vom Punkt $\infty$ in der Projektionsebene einen einfachen Bogen[13], der die Projektionen von $a_0$ und $b_0$ in je einem Punkt schneidet und die Projektion von $L$ sonst nicht trifft. Seinen Endpunkt

---

[13] In der Topologie von $S$.

nehmen wir als Anfangspunkt und Endpunkt der Wege, durch welche wir die Elemente der Fundamentalgruppe $\mathfrak{F}$ dargestellt denken. Der durch O gehende Projektionsstrahl stellt bei geeigneter Orientierung das Element $a_0 \, b_0 = f$ dar. Diesen Strahl machen wir zur z-Achse Z eines rechtwinkligen Koordinatensystems $x, y, z$, in dem wir auch die Koordinaten $x', y', z'$ verstehen. Die Abbildung $\mathfrak{W}\, (x, y, z) = (x', y', z')$ sei durch

$$x + i\,y = (x' + i\,y')^2, \quad z = z' \text{ gegeben, wo } i = \sqrt{-1} \text{ ist.}$$

$L' = \mathfrak{W}\,(L)$ ist eine einfach geschlossene Kette von $2\,n$ Gliedern. Die z-Achse stellt auch das Element $f'$ der Fundamentalgruppe des Restraumes von $L'$ dar. Angenommen, es sei $f^i = 1$. Dann wäre $Z^i$ Rand eines stetigen[13] Bildes $A$ einer Kreisscheibe. $\mathfrak{W}\,(A)$ besteht aus zwei zu einander kongruenten stetigen Bildern von $A$, deren jedes von $Z^i$ berandet wird. $Z^i$ ist also homotop 1 im Restraum von $L'$, woraus $i = 0$ folgt, da $L'$ eine gerade Zahl von Gliedern hat.

### Invariante Darstellung des Dralls

Der Drall ist gegenüber topologischer Abbildung von $S$ auf sich, bei der der Schraubungssinn erhalten bleibt, invariant. Um das aus der Invarianz der Fundamentalgruppe zu beweisen, müßte man zeigen, daß $r$ ein Merkmal der Gruppe selbst und nicht etwa nur ihrer Darstellung durch die hier betrachteten Erzeugenden und definierenden Relationen ist. Wir wollen das nicht tun, sondern beweisen, daß der Drall gleich der Verschlingungszahl zweier mit der Kette invariant verbundener Kurven ist. Damit haben wir dann wegen der Invarianz der Verschlingungszahlen[14] eine invariante Definition des Dralls. Zunächst sei $L$ eine schlichte geschlossene Kette mit geradem $n$ und $r = 0$ (Bild 7).

Wir denken uns in jedes $K_i$ eine topologische Kreisscheibe $F_i$ eingespannt, welche $K_{i-1}$ in genau einem Punkt $r_i$, $K_{i+1}$ in genau einem Punkt $s_i$ schneidet. Dabei sei $F_i$ zu $F_j$ fremd für $j \neq i-1, i, i+1$. Der Schnitt von $F_i$ mit $F_{i+1}$ sei ein einfacher Bogen $D_i$ von $s_i$ nach $r_{i+1}$. $C_i$ sei ein zu $D_{i-1}$ und $D_i$ abgesehen von den Endpunkten fremder

---

[14] Seifert-Threlfall, Lehrbuch der Topologie 1934, §§ 74, 77.

einfacher Bogen innerhalb $F_i$. Dann ist $R = C_0 + D_0 + C_1 + D_1 + \ldots + C_{n-1} + D_{n-1}$ ein topologischer Kreis.

Ferner spannen wir in $K_k$ für $k = 0, 2, 4, \ldots n - 2$ zwei zu einander fremde topologische Kreisscheiben $G_k$ und $H_k$ ein, derart, daß $F_k$ in

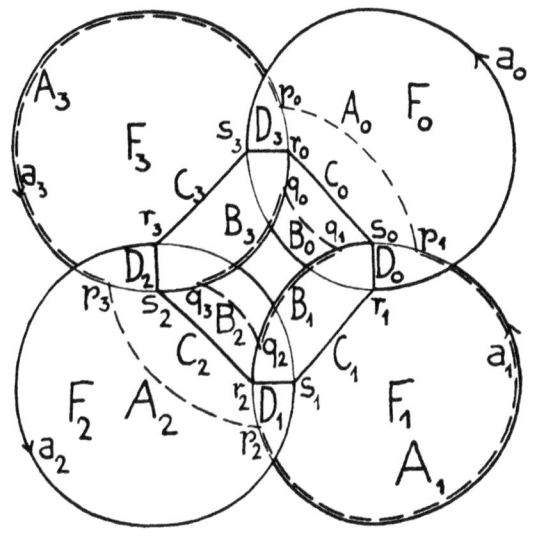

Abb. 7.

der von $G_k + H_k = S_k$ begrenzten topologischen Vollkugel liegt. Dabei seien die $S_k$ untereinander fremd. Ferner schneide $G_k$ die Kreise $K_{k-1}$ und $K_{k+1}$ in je einem Punkt $p_k$ bzw. $p_{k+1}$, $H_k$ diese Kreise in je einem Punkt $q_k$ bzw. $q_{k+1}$. Die Bezeichnung der $G_k$ und $H_k$ sei so gewählt, daß der auf $K_{k+1}$ liegende Bogen $A_{k+1}$ von $p_{k+1}$ nach $p_{k+2}$ die Punkte $s_k$ und $r_{k+2}$ nicht enthält. Dann enthält auch der auf $K_{k+1}$ liegende zu $A_{k+1}$ fremde von $q_{k+1}$ nach $q_{k+2}$ laufende Bogen $B_{k+1}$ die Punkte $s_k$ und $r_{k+2}$ nicht. $A_k$ sei ein in $G_k$ liegender, abgesehen von seinen Endpunkten zu allen bisher definierten Kurven fremder Bogen von $p_k$ nach $p_{k+1}$, $B_k$ ein analoger in $H_k$ liegender einfacher Bogen von $q_k$ nach $q_{k+1}$.

Dann sind $P_0 = A_0 + A_1 + A_2 + \ldots + A_{n-1}$ und $Q_0 = B_0 + B_1 + B_2 + \ldots + B_{n-1}$ zu einander fremde topologische Kreise. Das gilt auch noch, wenn $K_{n-1}$ eine gerade Zahl $2r$ von Selbstkreuzungen hat. Hat $K_{n-1}$ eine ungerade Zahl $2r - 1$ von Selbstkreuzungen, dann liefert diese Konstruktion einen einzigen längs der Kette „zweimal herumlaufenden" topologischen Kreis $T_0$. Im Falle von $2\,r$ Selbstkreuzungen sei $T_0 = P_0 + Q_0$ definiert. In beiden Fällen ist $T_0$ zu $R$ fremd. Die Verschlingungszahl $V\,(R,\,T_0)$ ist in beiden Fällen die Zahl der Selbstkreuzungen von $K_{n-1}$, positiv oder negativ genommen, je nachdem diese positiv oder negativ sind. Diese Zahl haben wir aber als Drall definiert. $V\,(R,\,T_0)$ kann bei Ketten gerader Gliederzahl als invariante Definition des Dralls genommen werden. $D\,(L) = V\,(R,\,T_0)$.

Die Vereinigung der $F_i$ heiße $F$. Die Fundamentalgruppe von $S - F$ ist die freie Gruppe mit einer Erzeugenden. Jeder diese Erzeigende darstellende Weg stellt auch das Element $f$ der Fundamentalgruppe von $S - L$ dar. Das ist eine invariante Kennzeichnung von $f$.

Nun sei die Gliederzahl $n$ ungerade, $K_{n-1}$ habe $s$ Selbstkreuzungen, wo $s$ auch das Vorzeichen dieser Kreuzungen habe. An der Konstruktion von $R$ ändert sich nichts. Dagegen lassen sich $G_k$ und $H_k$ nicht auf gerade $k$ beschränken, sondern müssen für alle $k$ definiert werden und folgen im Zyklus $0, 2, 4, \ldots n - 1, 1, 3, \ldots n - 2$ aufeinander. An Stelle von $P_0$ bekommen wir hier eine viermal durch die Kette laufende Kurve $T$, und zwar sowohl bei geradem wie bei ungeradem $s$. Diesen Verhältnissen können wir die Konstruktion im Falle eines geraden $n$ dadurch angleichen, daß wir außer $T_0$ noch die Kurve $T_1$ konstruieren, bei der nur gegenüber $T_0$ gerades $k$ mit ungeradem $k$ vertauscht ist. $T_0 + T_1$ entspricht dann genau dem bei ungeradem $n$ auftretenden $T$ und sei für gerades $n$ als $T$ erklärt. Bei geradem $n$ ist $V\,(R,\,T_0) = V\,(R,\,T_1) = D\,(L)$, also $D\,(L) = \frac{1}{2}\,V\,(R,\,T)$. Das gilt auch für ungerades $n$, was man durch unmittelbares Abzählen nachweisen könnte.

Übersichtlicher werden die Verhältnisse aber, wenn wir die Kette $L$ durch die Abbildung $\mathfrak{W}$ in eine Kette $L'$ mit $2\,n$ Gliedern überführen. Dem Glied $K_{n-1}$ entsprechen zwei Glieder $K'_{n-1}$ und $K''_{n-1}$ mit je $s$ Selbstkreuzungen. Außerdem ist das Alternieren der Vorzeichen der Zweiecke $Z'_i$ und $Z''_i$ an zwei Stellen durchbrochen. Deshalb ist $L'$ keine normierte, aber noch eine quasinormierte Projektion. An ihr sehen wir durch Abzählen der Selbstkreuzungen und der Zweiecke, daß $2\,D\,(L) = D\,(L') = 2\,s - 1$ ist. Durch $\mathfrak{W}$ gehen die Kurven $R$ und $T$ in Kurven $R'$ und $T'$ über, für welche $V\,(R',\,T'') = 2\,V\,(R,\,T)$ gilt. Nun sind freilich $R'$ und $T''$ nicht aus einer normierten Projektion gewonnen. Weil aber der Übergang zur eine normierten Projektion eine Deformation ist und $L'$ gerade Gliederzahl hat, ist $D(L') = \frac{1}{2} V(R', T')$, woraus $D(L) = \frac{1}{2} V(R, T)$ folgt.

Damit haben wir für gerade und ungerade $n$ die invariante Darstellung $D(L) = \frac{1}{2} V(R, T')$.

Zusatz bei der Korrektur:

**Zwei schlichte Ketten sind dann und nur dann isotop, wenn sie in Gliederzahl und Drall übereinstimmen.**

Denn dann und nur dann lassen sie sich durch isotopische Deformationen auf dieselbe normierte Projektion bringen.

Hawliczek F.: Über die Verwendung des Elektrokardiographen als Registriergerät in der Radiokardiographie (mit 3 Abbildungen), MIR Nr. 486, 4 Seiten. S 4.—

Hießberger F. und Karlik Berta: Weitere Untersuchungen über das Astatisotop 218 (mit 7 Abbildungen), MIR Nr. 487, 13 Seiten. S 8.30

Lang K.: Die spektrale Energieverteilung einer Neonlinie bei verschiedenen Entladungsbedingungen (mit 7 Abbildungen) 22 Seiten. S 13.80

Schneider W. und Matitsch T.: Eine photographische Methode zur quantitativen Bestimmung von Actinium (mit 3 Abbildungen), MIR Nr. 488, 19 Seiten. S 6.30

Tungl E.: Anschluß von Stäben mit $\mathsf{C}$-Querschnitt (mit 3 Abbildungen), 9 Seiten. S 10.60

Wänke H.: Ein elektronisch-optisches Verfahren zur Aufzeichnung der Amplitudenverteilung elektrischer Impulse (mit 16 Abbildungen), MIR Nr. 489. 22 Seiten. S 13.50

Weinzierl P.: Herstellung linearer Ra$DE$-Präparate aus hochgereinigter Radiumemanation (mit 2 Abbildungen), MIR Nr. 493, 12 Seiten. S 9.—

**1953 (S II a, Bd. 162):**

Blöch R.: Die Bildung von Oberflächenkristallen auf Alkalihalogeniden, Fluorit und Kalzit bei Bestrahlung mit Polonium (mit 4 Abbildungen), MIR Nr. 494. S 8.20

Drexler O.: Die Farbzentrenausbeute in Steinsalz für β-Strahlen mittlerer Energie (mit 8 Abbildungen), MIR Nr. 498. S 12.—

Herglotz H.: Zur sekundären Erregung des Chrom-K$\alpha_1$-Satelliten (mit 11 Abbildungen) S 12.80

Pohl E.: Ein neues Emanometer für Präzisionsmessungen mit vielseitiger Verwendungsmöglichkeit (mit 5 Abbildungen). Mitteilung aus dem Forschungsinstitut Gastein Nr. 88. S 12.40

Przibram K.: Über die Farb-Bänderung des Fluorits (mit 3 Abbildungen), MIR Nr. 497. S 10.90

Tomiser J.: Analyse von Sulfonamidgemischen mit Hilfe des Ramaneffektes (mit 9 Abbildungen). S 14.60

Tomiser J.: Ramanspektren von Sulfonamiden (mit 21 Abbildungen). S 47.20

Treitl K.: Über die Verfärbung von NaCl, KCl und CaF$_2$ mit Kathodenstrahlen (mit 8 Abbildungen), MIR Nr. 500. S 8.90

**1954 (S II, Bd. 163):**

Glaser W.: Licht und Materie in einheitlicher Deutung. S 52.—

Pohl E. und Pohl Rüling Johanna: Radioaktive Luftmessungen im Raum von Badgastein und Böckstein (mit 4 Abbildungen). S 14.80

Pohl-Rüling Johanna: Über die Durchlässigkeit von Gummi und Plastikstoffen für Radium-Emmanation (mit 1 Abbildung). S 4.—

Pohl-Rüling Johanna und Pohl E.: Neue Bestimmungen des Radium- und Radongehaltes einiger Austritte der Gasteiner Therme. S 5.—

Przibram K.: Über die Verteilung von Farbzentren und anderen Störungen in natürlichen Steinsalzkristallen (mit 5 Abbildungen) MIR Nr. 503. S 6.60

Schmid E. und Lintner K.: Über die Bedeutung eines Bombardements mit Korpuskularstrahlen für die Plastizität von Metallkristallen (mit 5 Abbildungen). S 12.—

**1955 (S II, Bd. 164):**

Blaha F.: Einige Wachstumsformen von Cd-Kristallen (mit 10 Abbildungen). S 9.—

Hawliczek F.: Stabilisierte Impulshochspannungsgeneratoren zum Betrieb von Geiger-Müller-Zählern und Szintillationszählern (mit 7 Abbildungen), MIR Nr. 508. S 13.40

Koller K.: Der Atomkern als Elektronenkristall (mit 2 Abbildungen). S 18.—

Koller K.: Der Atomkern als Elektronenkristall, II. Mitteilung (mit 3 Abbildungen). S 10.—

Matiasek Christine: Untersuchungen des Spektrums der Konversionselektronen von Actinium X mit der photographischen Methode (mit 3 Abbildungen), MIR Nr. 511. S 7.90

Matitsch T.: Weitere Versuche zur Entschleierung von β-empfindlichen Emulsionen, MIR Nr. 513. S 4.90

Polak A.: Messungen der elektrischen Leitfähigkeit der Luft in Badgastein. S 16.70

Schedling J. A. und Wein J.: Differentialthermoanalytische Untersuchungen an CaSO$_4$. 2 H$_2$O und seinen durch Entwässerung entstehenden Folgeprodukten (mit 6 Abbildungen). S 13.—

Tisljar-Lentulis G. und Weinzierl P.: Über eine Methode zur Messung extremer Intensitätsrelationen zwischen positiven und negativen Elektronen (mit 5 Abbildungen), MIR Nr. 510. S 11.—

GPSR Compliance
The European Union's (EU) General Product Safety Regulation (GPSR) is a set
of rules that requires consumer products to be safe and our obligations to
ensure this.

If you have any concerns about our products, you can contact us on

ProductSafety@springernature.com

In case Publisher is established outside the EU, the EU authorized
representative is:

Springer Nature Customer Service Center GmbH
Europaplatz 3
69115 Heidelberg, Germany

www.ingramcontent.com/pod-product-compliance
Ingram Content Group UK Ltd.
Pitfield, Milton Keynes, MK11 3LW, UK
UKHW022234230426
12048UKWH00017BA/1247